Yo Soy Una Rana

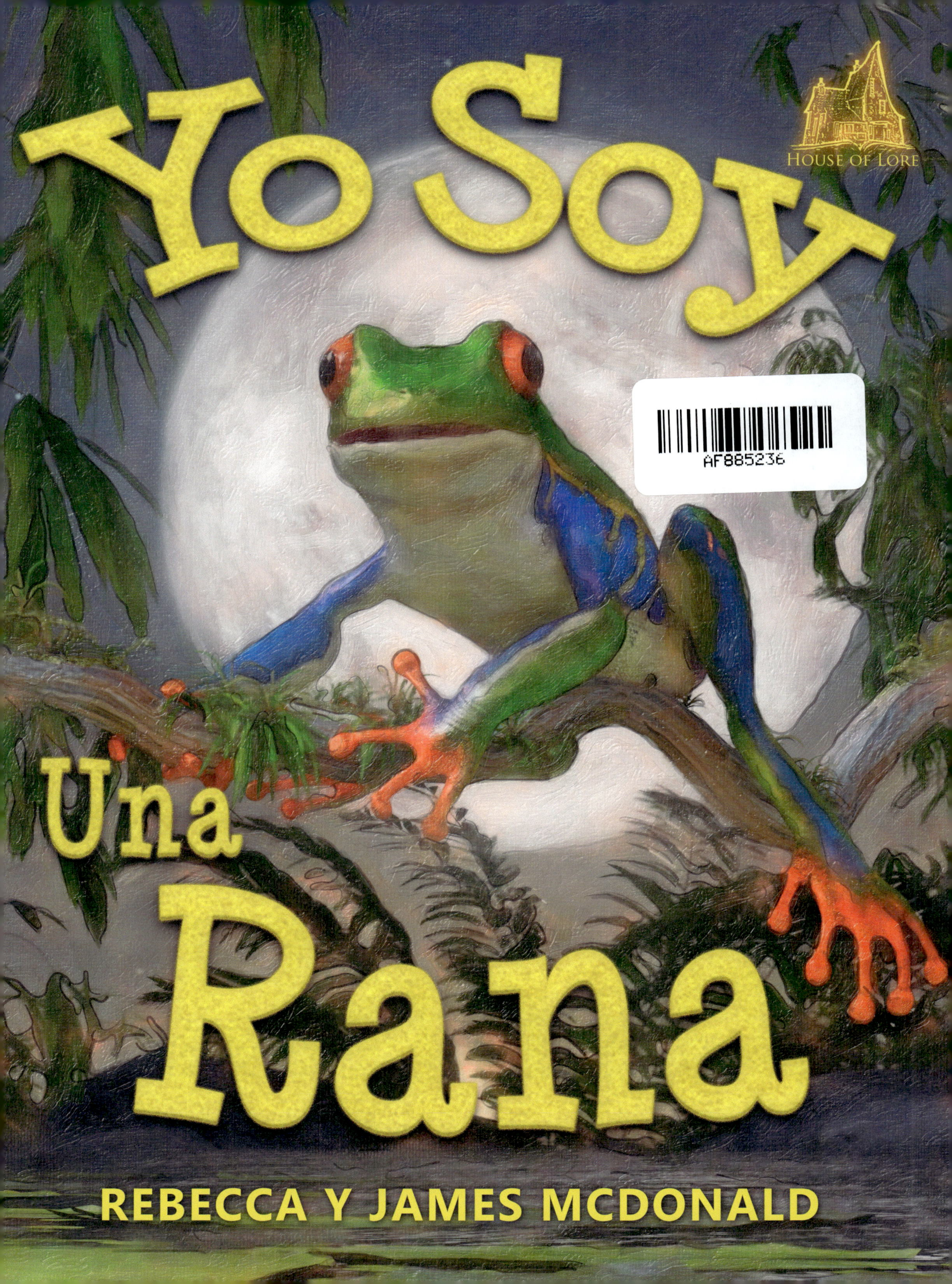

REBECCA Y JAMES MCDONALD

HOUSE OF LORE

Yo soy una rana. Hay muchos tipos de ranas. Yo soy una rana arbórea amazónica.

Puedes encontrarme agarrada al dorso de una hoja, pegada con las ventosas de mis dedos. Me gusta esconderme. Me mantiene a salvo para que no me coman.

Tengo una cualidad especial. No siempre fui una rana. Una vez, hace no mucho tiempo, fui un huevo.

Mi madre quería mantener sus huevos a salvo, así que me escondió junto a mis hermanos y hermanas en el dorso de una hoja, justo sobre una charca. Otros tipos de ranas dejan sus huevos directamente en el agua.

Dentro del huevo, crecí hasta convertirme en un renacuajo con una larga cola y branquias como las de un pez para poder respirar bajo el agua.

Después de algunos días, ya era hora de incubar. Whoosh, me deslicé hacia abajo por la hoja. Debía tener mucho cuidado. A mi alrededor había muchas criaturas que podían comerme.

Plop!

Cuando era un renacuajo, no me parecía en nada a una rana. Algo tenía que cambiar, debía crecer para convertirme en la rana que quería ser. ¡Adivina qué pasó!

Pasé por una etapa de cambios. Los científicos la llaman metamorfosis. Me crecieron pulmones para poder respirar fuera el agua, y piernas para saltar. Mi cola se hizo más pequeña, ¡y muy pronto me salieron las patas delanteras!

Ya no era un renacuajo. Era hora de usar mis fuertes patas traseras para saltar fuera del agua, hacia la tierra.

Las criaturas como yo, que pasan parte de sus vidas en el agua y la otra parte en la tierra, se llaman anfibios. Cuando crecí y pasé de ser una rana joven a una adulta, mi color cambió de marrón a un verde luminoso.

Ahora paso mucho tiempo trepando a los árboles y saltando de hoja en hoja. No es fácil mantenerse fuera del alcance de las criaturas hambrientas que me acechan.

Parece que en todos lados hay algo que quiere comerme. ¡Pero no te preocupes! Soy muy bueno escondiéndome. Las hojas verdes son el lugar perfecto. Puedo plegar mis piernas y cerrar los ojos, y prácticamente desaparezco.

Cuando una escurridiza serpiente repta cerca de donde estoy, esconderme no es mi única opción. Puedo asustar a la serpiente abriendo mis grandes ojos rojos y mostrándole el naranja brillante de mis pies. En lo que tarda en irse el resplandor de mis deslumbrantes costados azules y amarillos, y antes de que la serpiente se dé cuenta, ya he desaparecido.

Otra forma de protegerme es dormir durante el día y permanecer despierto durante la noche. Es más fácil ocultarse en la oscuridad. Los científicos llaman a los animales de la noche como yo "nocturnos".

Siempre estoy buscando algo para comer. Mis platos favoritos son una jugosa mosca o un sabroso grillo, pero no soy quisquilloso. Si me cabe en la boca, me lo como.

Mis grandes ojos saltones no son solo para ver, ¡también me ayudan a comer! Al tragar, parpadeo para que mis ojos se hundan y empujen la comida hacia la garganta.

Tengo tres pares de párpados que protegen mis ojos. Incluso puedo ver a través de uno de ellos. Así es como puedo nadar con los ojos abiertos, y cuando duermo puedo seguir atento a lo que pasa a mi alrededor.

Los científicos dicen que los anfibios como yo son de gran ayuda para mantener el mundo limpio. Comemos muchos insectos, para que no haya tantos dando vueltas por ahí, y algunos medicamentos importantes están hechos de proteínas que se encuentran en mi piel.

Debido a nuestra piel delgada y húmeda, los anfibios somos muy sensibles a los cambios en el agua y en la tierra. Demasiados cambios nocivos, como la acumulación de basura o químicos en los lugares donde vivimos, y nos ponemos enfermos. Eso no es divertido.

Las personas pueden ayudar a las ranas como yo a estar sanas asegurándose de que tengamos sitios limpios donde vivir. La próxima vez que estés cerca de un pantano o una charca, fíjate en si oyes el sonido de las ranas.

¿Cuál es el gran cambio por el que pasan los renacuajos para convertirse en ranas?

Los anfibios pasan la mitad de sus vidas en el agua. ¿Dónde pasan la otra mitad?

¿Los ojos de las ranas sirven solamente para ver?

¿Cómo ayudan las ranas a las personas?

¿Cómo pueden ayudar las personas a las ranas?

Yo Soy una Rana

ISBN: 978-1-950553-06-8

Primera edición de pasta blanda de House of Lore, 2019

Visítanos en www.HouseOfLore.net

MIRA TAMBIÉN ESTOS OTROS LIBROS DE HOUSE OF LORE

Made in the USA
Las Vegas, NV
07 November 2026

57673716R00029